AF324411

NOTICE

SUR LA

BERGERIE IMPÉRIALE

DU DÉPARTEMENT DE LA SARRE;

Par M. TESSIER,

De l'Institut impérial de France, de la Légion-d'Honneur,
Inspecteur - Général des Bergeries impériales et des
Dépôts de Beliers du Gouvernement, etc.

A PARIS,

DE L'IMPRIMERIE DE MADAME HUZARD

(née Vallat la Chapelle),
Rue de l'Éperon-Saint-André-des-Arts, N°. 7.

1813.

Extrait des Annales de l'Agriculture française, tome LIII.

NOTICE

BERGERIE IMPÉRIALE

DU DÉPARTEMENT DE LA SARRE.

En l'an XIII (1805), M. le comte *de Champagny* (maintenant duc de Cadore), étant Ministre de l'intérieur, me consulta pour savoir l'emploi qu'on pourroit faire des mérinos que, par suite du traité de Bâle, on importoit d'Espagne pour le Gouvernement. Je répondis à ce Ministre qu'il seroit utile d'en former de nouvelles bergeries. Il n'existoit alors que celles de Rambouillet (1), de Perpignan (2), et de Pompadour. Elles pouvoient bien servir à améliorer les troupeaux des pays qui les environnent, mais elles étoient insuf-

---

(1) Voyez la notice que j'ai publiée en 1805 sur cet établissement. Elle est insérée dans le tome VIII des *Mémoires de la Société d'agriculture du département de la Seine.* Voyez aussi le tome XXIV des *Annales de l'Agriculture française.*

(2) Voyez le compte que j'ai rendu en l'an XII, de l'état de cet établissement, tome XX des *Annales de l'Agriculture française.*

fisantes pour procurer cet avantage à tous les points de la France. M. le comte *de Champagny* le sentit bien, et arrêta qu'il en seroit établi trois; savoir, une dans le sud-est, une dans le nord-est et une dans l'ouest.

Peu satisfait des renseignemens qu'il avoit obtenus de MM. les préfets, il pensa qu'il falloit qu'on allât à la recherche de locaux convenables. Pendant un voyage qu'il fit en Italie avec S. M. l'Empereur et Roi, il m'écrivit de Milan (1) pour me proposer de me charger de la mission, me témoignant une confiance à laquelle je fus sensible. Il m'engageoit, en cas que quelque circonstance s'y opposât, à lui désigner les personnes que je croirois le plus capables de me remplacer. Comptant sur mon zéle et sur mon expérience, je voulus exécuter moi-même un projet qui me paroissoit contribuer à la richesse réelle de la France. Le Ministre me recommandoit, comme une chose très-essentielle, de faire un bon choix des régisseurs et des bergers. Je devois aussi diriger les divisions du troupeau vers les endroits que j'aurois adoptés, et donner aux préposés les instructions nécessaires pour le succès de l'opération. Enfin, le Ministre m'avoit envoyé une

____

(1) La lettre est du 29 floréal an XIII (1805).

lettre adressée à ceux de MM. les préfets qui pouvoient me faciliter les moyens de remplir les intentions du Gouvernement.

Je ne regardai pas les bergeries que j'avois à former comme de simples dépôts de bêtes à laine qu'il suffisoit de nourrir en hiver par des achats de grains et fourrages, et, le reste de l'année, par des locations de pacages. L'exemple de Rambouillet et de Perpignan, et le bien qu'ils avoient fait, me donnèrent l'idée de les copier en quelque sorte. Mon plan fut donc de créer de véritables fermes, principalement pour entretenir de beaux troupeaux de mérinos et propager cette race. Il étoit indispensable de les fournir d'instrumens aratoires, d'animaux de trait, d'hommes pour les soins et pour les cultures. On devoit n'y acheter que ce que le sol ne pourroit produire, et trouver même dans les récoltes au-delà de ce qu'il faudroit pour les salaires et la nourriture. J'espérois que les régisseurs, éclairés dans l'art des assolemens, emploieroient de bonnes méthodes ; qu'ils feroient des essais importans et qu'ils montreroient la manière de conduire et de perfectionner les bêtes à laine, surtout les mérinos. Il entroit dans ma pensée de faire les placemens de bergeries dans des endroits où l'air et les herbes fussent salutaires, et près de quelques villes fréquentées, pour avoir des ressources et des débouchés, et pour mettre les troupeaux à portée d'être visités souvent. C'est d'après ces vues que j'allois faire mes recherches.

J'eusse bien désiré trouver des domaines nationaux, afin de n'être pas obligé de louer de particuliers qui abusent toujours en voulant trop profiter du besoin qu'on a de leurs propriétés. Il étoit à craindre d'ailleurs que les régisseurs, quelque zélés qu'on les supposât, ne travaillassent qu'à regret sur le fonds d'autrui, et que les sommes données pour les fermages n'enlevassent des moyens de faire prospérer les établissemens. Présumant qu'il y auroit encore des domaines non vendus, je hâtai ma marche.

Je me rendis d'abord dans les départemens de la Drôme, de Vaucluse, du Gard, du Var, des Bouches-du-Rhône, puis dans ceux de la Moselle, des Forêts et de la Sarre, et enfin dans ceux d'Ille et Vilaine, de la Mayenne, de la Vendée et de la Loire-Inférieure. Je ne revins à Paris qu'après avoir formé trois bergeries ; une dans le département de la Sarre, une dans celui des Bouches-du-Rhône, et une dans celui de la Loire-Inférieure. Quelque temps après, celle de Pompadour fut dissoute, à cause de l'humidité du sol et de l'augmentation du haras ; ce qui restoit de bêtes servit de noyau à deux bergeries nouvelles , placées l'une à Saint-George de Ronains , département du Rhône , l'autre à Saint-Genet Champagnelle , département du Puy-de-Dôme. J'établis encore ces dernières par les ordres de M. le comte *de Champagny*. Celle du département de la Roër est due à M. *Cretté* (comte de Champmol) , qui adopta un local que je lui proposai et que j'avois visité , auprès d'Aix-la-Chapelle. Enfin, il en existe une huitième dans le département des Landes , à laquelle je n'ai contribué que par correspondance, car je ne suis pas allé sur les lieux. Je me bornerai aujourd'hui à faire connoître tout ce qui concerne la bergerie impériale de la Sarre.

Ce qui me détermina en faveur de ce département , ce furent les motifs suivans : 1°. dans l'espérance d'obtenir du Gouvernement une bergerie impériale , on avoit eu l'attention de ne pas vendre un reste de domaine dépendant des abbayes de Saint-Maximin et Saint-Mathias ; 2°. le pays est montueux et propre aux bêtes à laine ; 3°. je prévoyois qu'une bergerie y seroit utile , non-seulement pour le département de la Sarre , mais pour ceux de Rhin et Moselle , du Mont-Tonnerre , des Forêts et de la Moselle ; 4° cet établissement prouveroit aux peuples nouvellement acquis à la France que le Gouvernement veut leur faire partager les bienfaits qu'il répand ailleurs.

Aussitôt après mon arrivée à Trèves, je fus conduit par le secrétaire général de Préfecture dans deux fermes, distantes de cette ville seulement de quelques lieues : l'une située à Ober-Emmel près le village de ce nom, dont elle faisoit partie ; l'autre isolée, appelée Bennerath. J'entrevis d'abord que ces deux fermes pouvant avoir entre elles des communications faciles, parce que leurs pâturages étoient presque contigus, leur réunion présenteroit des avantages.

Ober-Emmel est au fond d'un vallon étroit, environné de coteaux à divers aspects ; et Bennerath dans un entonnoir évasé de montagne élevée. Près de chacune il y a des étangs ; leurs murs mêmes étoient baignés d'eau. A la vue de cette position je fus d'abord repoussé, craignant que le sol et l'air ne fussent trop humides et nuisibles aux hommes et aux animaux. Mais ayant appris des médecins et des vétérinaires, que dans le pays il ne régnoit pas de fièvres intermittentes parmi les hommes, ni d'épizooties sur les animaux ; que le village d'Ober-Emmel étoit très-peuplé ; que les moines entretenoient à Ober-Emmel et à Bennerath cinq à six cents bêtes à laine, et voyant qu'on pouvoit combler les fossés voisins des deux maisons ; et que les troupeaux, au sortir de leurs bergeries , se trouvoient toujours sur des côteaux secs , je ne balançai pas à adopter les deux fermes pour en faire un seul et même établissement. J'en rendis compte au Ministre de l'intérieur , et je le priai d'en demander à S. M. Impériale et Royale l'application à cet objet. Son Excellence parvint à obtenir un décret du 16 frimaire an XIV (1805) , daté du quartier impérial d'Austerlitz ; il est conçu en ces termes :

« Les fermes d'Ober-Emmel et de Bennerath ,
» situées dans le département de la Sarre , sont
» mises à la disposition du Ministre de l'intérieur,
» pour y former des établissemens de beliers et de
» brebis de race de mérinos d'Espagne, à la charge
» de faire acquitter sur les fonds de son départe-
» ment les indemnités qui pourroient être dues
» aux fermiers de ces domaines. »

Les bâtimens d'Ober-Emmel et de Bennerath n'étoient pas seulement des maisons rurales ; ils avoient encore servi pour recevoir des moines qui , dans la belle saison , venoient prendre l'air de la campagne ; aussi y avoit-il des chambres en forme de cellules. A Ober-Emmel on voyoit un gros corps-de-logis en équerre, à la suite duquel étoient une vacherie , une écurie , des toits à porcs , qui environnoient aux trois quarts une petite cour. L'entrée en étoit serrée et d'un accès peu facile.

Le corps-de-logis solidement bâti avoit des caves étendues, et au-dessus du rez-de-chaussée un premier étage avec un beau grenier. On pouvoit, sans faire beaucoup de dépense, rétablir ce qui avoit été détruit dans ce corps-de-logis; la vacherie, l'écurie et les toits à porcs tomboient de vétusté. Entre ces bâtimens et le village il y avoit une grange sous laquelle, comme dans tout le pays, étoit établie la bergerie soutenue par des piliers de pierre, et, plus loin, les débris d'un moulin susceptible d'être alimenté une partie de l'année par l'eau de deux étangs supérieurs.

La maison de Bennerath se trouvoit en pire état. A l'exception d'un bâtiment isolé, les autres étoient réunis et formoient un carré autour d'une cour remplie de fumier infect. Les toitures, les planchers, les escaliers, tout étoit à refaire; il n'existoit que quelques portes et fenêtres que le fermier avoit été forcé de mettre. Une ancienne bergerie ne conservoit que ses fondations : rien n'annonçoit plus la dégradation.

On ne sera pas surpris de cet exposé, on le croira aisément fidèle, quand on saura que ces deux fermes avoient eu le malheur d'être placées sur le théâtre de la guerre entre les Autrichiens et les Français. Comme elles appartenoient à des religieux, on les épargnoit moins; les paysans, pour se soustraire aux demandes des troupes , les envoyoient dans les maisons des moines. Un autre fléau , non moins fâcheux pour elles , a été de tomber ensuite dans les mains de la Régie des domaines , qui , uniquement occupée de tirer des revenus , ne vouloit rien dépenser pour en conserver la source.

Je ne fus pas effrayé de cette situation. Content de ce que ce bien resteroit une propriété du Gouvernement, qu'il n'aliéneroit pas , je pensai que toutes les améliorations qu'on y pourroit faire seroient encouragées, deviendroient utiles, et donneroient à ce domaine une valeur dont on profiteroit.

Le hasard m'avoit fait rencontrer à Trèves M. *Schneider*, élève distingué de l'Ecole impériale vétérinaire d'Alfort ; il étoit du pays , savoit l'allemand , parloit français , deux qualités indispensables pour la position de la bergerie dans un pays où la langue allemande est la plus ordinaire : on m'en avoit dit beaucoup de bien , il avoit une excellente réputation. Ce fut lui que je proposai pour être régisseur à M. *de Champagny* , qui ne manqua pas de le nommer : avec un homme tel que M. *Schneider,* je devois compter sur des succès.

La maison d'Ober-Emmel me parut plus convenable que celle de Bennerath pour être le chef-lieu de l'établissement : elle est moins éloignée de Trèves et à côté d'un fort village. L'hiver n'y est pas aussi long ni aussi rigoureux ; on pouvoit y trouver un logement commode pour le régisseur et sa famille, des chambres pour coucher une partie des domestiques, des pièces pour un ménage rural, de quoi même y recevoir les personnes que la curiosité ou le désir de s'instruire y attireroit. M. *Schneider* y fit donc sa demeure. Je lui donnai toutes les instructions nécessaires pour les approvisionnemens qu'il avoit à faire ; pour la manière de diriger et de soigner le troupeau à son arrivée après un voyage long et pénible, surtout les agneaux qui naîtroient en chemin ; pour les comptes qu'il rendroit au Ministre et à moi, etc., etc.

A la ferme d'Ober-Emmel étoient attachés, suivant l'état qu'on m'a donné :

45 hectares 36 ares de terres arables ;

103 hectares de terres dites *sauvages* ;

24 hectares 36 ares de prairies ;

6 étangs ;

62 hectares 33 ares de bois, dont partie en *essarts*.

A celle de Bennerath étoient attachés :

35 hectares 88 ares de terres arables ;

136 hectares 62 ares de terres sauvages ;

(13)

31 hectares 49 ares de prairies ;

5 étangs ;

46 hectares 76 ares de bois ;

C'est-à-dire, 81 hectares 24 ares de terres arables, 219 hectares de terres sauvages, 55 hectares 85 ares de prairies, 109 hectares 9 ares de bois : total, 465 hectares 15 ares, sans compter les 11 étangs dont la contenue n'a pas été bien déterminée.

La ferme de Bennerath avoit droit de pâturage sur les bancs (terroirs) de Hintern, Ober-Emmel, Viltingen et Paeschelt.

On eût pu distraire les étangs et les vendre au profit de la nation ; mais j'en ai demandé et obtenu la conservation, afin que l'établissement disposât des eaux pour abreuver les bestiaux, servir au moulin dont je comptois que le Ministre approuveroit le rétablissement, donner des moyens d'irrigation aux prairies et prévenir les inondations en entretenant les digues. Maintenant tous ces étangs rapportent du poisson.

Le troupeau arriva à Ober-Emmel à trois époques : la première, le 29 brumaire an XIV ; la deuxième, le 9 frimaire, même année ; la troisième, le 28 octobre 1806. Ces divisions étoient formées de bêtes récemment importées d'Espagne au nom du Gouvernement. Le Ministre, d'après mon avis, y avoit fait ajouter des beliers de la bergerie de Perpignan, aussi beaux par leur laine et plus forts que ceux d'Espagne. Au moment où un convoi d'une importation postérieure, destiné pour un établissement dans la Roër, devoit partir de Bennerath, où il avoit séjourné un an pour y être guéri de la gale, M. *Schneider* fut autorisé par S. Ex. M. le comte *de Montalivet*, à retenir un certain nombre d'animaux de la race de Négrette, dont étoit composée cette colonie à laquelle il avoit procuré l'hospitalité. Telles sont les sources, telle est l'origine du troupeau de la bergerie de la Sarre.

Les premières années il fallut acheter des fourrages; on ne put entrer en possession que de la maison d'Ober-Emmel et de quelques terres qui en dépendoient. Les fonds qui furent donnés ne permirent pas d'indemniser le fermier de Bennerath, ni tous les particuliers qui tenoient des champs à location : on pensa qu'il valoit mieux attendre l'expiration d'une grande partie des baux; cela donneroit le temps d'étudier le pays, de monter l'exploitation en bestiaux et en instrumens aratoires. Cependant on traita avec plusieurs détenteurs pour commencer des cultures. Peu à peu tout fut dans les mains du régisseur.

Il étoit à craindre que les pâturages étant en

communauté avec les troupeaux voisins, celui du Gouvernement ne gagnât souvent des maladies. Pour éviter cet inconvénient, j'insistai sur la nécessité d'empêcher toute communication. M. le préfet de la Sarre, le 12 novembre 1806, fit un arrêté qui portoit que deux experts seroient nommés, l'un par le régisseur et l'autre par le maire d'Ober-Emmel, à l'effet de rédiger un projet d'échange entre les terres sauvages de la bergerie impériale et celles de la commune. Provisoirement on établit des cantonnemens qui depuis ont toujours subsisté.

Je viens de faire connoître les motifs qui m'ont porté à proposer le placement d'une bergerie impériale dans les fermes d'Ober-Emmel et de Bennerath, de l'application de ces fermes par Sa Majesté à cet objet, de l'état où j'ai trouvé les bâtimens, de la quotité de terres qui y est attachée, et de quelques mesures prises pour l'entrée en possession et pour mettre le troupeau à l'abri de la contagion ; je vais maintenant indiquer ce qui a été exécuté pour réparer, construire et améliorer. Je commence par Ober-Emmel.

La bergerie qui, comme je l'ai dit, étoit sous la grange, ne m'ayant pas paru assez saine, on y a fait des changemens utiles ; on a pratiqué des ventouses dans les planchers, percé de fenêtres les murs, creusé au-dehors deux rigoles pour détourner les eaux que des averses amènent quelquefois, arraché de grands arbres dont l'ombre entretenoit de l'humidité, et garni l'intérieur de râteliers-mangeoires bien entendus. Il n'étoit pas question alors de la remplacer par une nouvelle.

Une partie de mur du moulin a été rebâtie ; on a refait à neuf le rouage, le tour des meules, le plancher, les croisées, le bluteau. Cette usine fait toute la farine nécessaire aux deux fermes ; plusieurs habitans y apportent du grain, et en payent la mouture en nature. Cette rétribution suffit pour compenser les gages du garçon meunier, qui, dans les temps de chômage, est employé à d'autres travaux.

Bientôt M. *Schneider* commença à combler les larges fossés qui entouroient la maison : un coteau placé tout près, quoiqu'il n'appartînt plus au domaine, a pu par des arrangemens fournir les terres dont on avoit besoin. Cet affouillement a eu en outre l'avantage de dégager le devant de la cour. Ceux qui ont entrepris de semblables opérations savent combien elles coûtent de temps et de peine et combien peu elles paroissent : aujourd'hui, plus de la moitié du travail est fait.

Le soin des prairies, la bonne culture des terres arables, le défrichement d'une partie des terres

sauvages, ne tardèrent pas à donner des récoltes
assez abondantes pour que la grange ne pût pas
les contenir. Des meules à la hollandaise ; à la
vérité, auroient pu suppléer à ce qui manquoit;
mais je pensai qu'il valoit mieux agrandir la
grange par la suppression de la bergerie, et profiter de la circonstance pour en construire une,
digne d'un établissement du Gouvernement, et
en état de loger beaucoup de bêtes à laine. La
pénurie de greniers à fourrage entroit pour quelque chose dans ce projet de construction, parce
qu'on pouvoit en faire au-dessus ; une dernière
raison, c'est que, comme il étoit indispensable
d'abattre la vacherie, l'écurie, les toits à porcs,
leur place en face du gros corps-de-logis seroit
très-favorable pour une bergerie qu'il seroit plus
facile de surveiller ; tous les domestiques seroient
renfermés la nuit. Dans ce plan, la capacité de la
grange se trouveroit augmentée d'un tiers. Le
Ministre approuva ces idées.

La destruction de la voûte de la bergerie permit
de faire à la grange des dispositions qui la ren-
dent plus commode. Dans les environs d'Ober-
Emmel, la battière par laquelle entrent les chars
est à une des extrémités, ce qui nécessite beaucoup de temps et de monde pour porter les gerbes
jusqu'au fond. M. *Schneider* préleva sur la lar-

geur et le long d'un des pans un espace suffisant
pour le passage d'un char ; il fit faire un plancher
de bois sur le terrain pour rendre le battage plus
facile, et un autre au-dessus pour placer de la
longue paille ; les voitures chargées entrent par
une porte, s'arrêtent vis-à-vis la travée à remplir,
et sortent vides par une autre porte. Beaucoup
de personnes peuvent y battre à la fois, ce qui
n'avoit pas lieu auparavant. Les rigoles prati-
quées au-dehors pour la bergerie démolie ne sont
pas perdues, puisqu'elles sont utiles à la grange.

La chaux étant un des matériaux importans
dans les bâtisses qu'on alloit faire, M. *Schneider*
trouva à en économiser le prix (1) en construi-
sant un four à portée des ouvrages ; c'étoit aussi
le moyen de l'avoir bonne et de pouvoir l'employer récente. L'établissement ayant du bois, la
cuisson de la pierre a peu coûté. Ce four sert maintenant à fournir de quoi amender les terres ; et
même on y fait au besoin de la brique et de la tuile.

On a donné au bâtiment entier des bergeries

---

(1) Il faut la tirer de deux lieues. Elle se paie sur place
2 francs le tonneau, et 75 centimes de transport ; à Ober-
Emmel elle revient à 1 franc 45 centimes. Une fournée de
chaux, qui est de quatre-vingt-dix tonneaux, exige trois
cordes et demie de bois à 15 francs ; pour les pierres,
70 francs ; pour le chaufournier, 9 francs. Total, 131 fr.

152 pieds de longueur sur 37 de largeur, hors œuvre. Au moment de la construction on a senti la nécessité de placer les murs sur pilotis, à cause du sourcillement des eaux. Les fondations ont 4 pieds d'épaisseur, et ce qui est au-dessus en a 2; la hauteur du sol au plancher est de 16 pieds. La charpente est belle, forte et solide, ainsi que la couverture. L'intérieur est parfaitement sain, parce que le bas a été chargé de terres sèches, qu'il y a une grande masse d'air, et qu'on renouvelle souvent la litière; on n'y voit pas d'humidité. Ce bâtiment a été distribué en trois parties, dont deux sont des bergeries, une grande et une moyenne, et la troisième un vestibule ou passage. Le plancher de la grande bergerie est soutenu, à cause de sa portée, par de forts piliers de chêne au nombre de huit, posés sur une maçonnerie et sur des dalles de pierre. Les poutres sont de pièces de sapin de mâture; on n'en eût pas trouvé d'assez longues en chêne. Cette précaution donne le moyen de placer sans crainte beaucoup de fourrage dans le grenier qui est au-dessus. Les murs sont percés de grandes fenêtres qu'on ferme à volonté par des volets et des grilles en bois. L'ouverture des fenêtres et celle des portes est en pierres de taille, ainsi que celle des œils-de-bœufs, espèces de ventouses placées entre les fenêtres et

au-dessus, toujours ouvertes, même quand les fenêtres ne le sont pas. Les principales portes ont deux battans; elles sont fixées en haut par des collets de fer, et en bas par des pivots, sur des crapauds enfoncés dans des pierres de taille, qui font partie de la maçonnerie. Deux de ces portes ont des impostes qu'on peut ôter pour rendre l'ouverture des portes plus grande, mettre à couvert dans la bergerie, en cas de mauvais temps, des chars remplis de gerbes ou de foin; le long des murs sont des râteliers-mangeoires simples; il y en a au-dedans deux rangs de doubles; ils sont très-bien faits : cette bergerie est celle des brebis portières. En hiver on a soin qu'il y ait pendant la nuit dans une lanterne une lampe allumée, surtout au temps de l'agnelage. Deux chambres de bergers, établies à une certaine hauteur, les mettent en état de voir ce qui s'y passe et de secourir les animaux malades. La moyenne bergerie est plus loin et au-delà du vestibule; on y met ou des beliers, ou des antenoises, ou des agnelles. Ensemble elles tiendroient six à sept cents bêtes; on peut les diviser par des claies de parc.

Le vestibule a plusieurs usages. Il communique de la cour principale à une arrière-cour; on y trouve une porte de la grande bergerie et une semblable vis-à-vis pour la moyenne ; c'est dans ce vestibule que sont les escaliers pour les chambres des bergers et pour le grenier où l'on monte et d'où l'on descend les fourrages , à couvert de la pluie et de la neige , pour les époudrer avant de les porter aux troupeaux. Enfin , on y a pratiqué un râtelier et une mangeoire pour les animaux de trait , qui , de Bennerath , viennent en diverses saisons concourir aux travaux de la ferme d'Ober-Emmel. Le grenier au-dessus des bergeries peut renfermer plus de vingt mille bottes de fourrage ; on n'en place pas le long des murs , afin qu'il ne contracte pas d'humidité et qu'il soit moins exposé à être dévoré par les rats et souris ; on sépare les espèces par de petits intervalles vis-à-vis les fenêtres , de manière que l'air y circule librement et que le service se fasse avec facilité. Ce grenier est habituellement fermé à clef.

Le bâtiment des bergeries se lie au gros corps-de-logis par un autre bâtiment qui vient d'être fait ; c'est celui où sont l'écurie , la vacherie , la bouverie , la chambre aux outils , tels que râteaux , pioches , sarcloirs , bêches , faux , coffre à avoine et à paille hachée , etc. Au-dessus est un grenier pour les balles de grains , qui sert aussi à coucher des ouvriers , particulièrement au temps des récoltes. Toutes ces étables se communiquent tellement que, par le rez-de-chaussée et par les greniers, M. *Schneider* peut y entrer sans sortir dehors.

Derrière les bergeries, on a fait une cour, employée à recevoir les fumiers et les composts d'engrais; on les en tire pour les porter aux champs, sans passer par la cour principale. Celle - ci, précédemment trop petite, est augmentée, d'abord, parce que le bâtiment des bergeries est reculé au-delà de la place qu'occupoient les anciennes écuries et vacherie, et qu'au lieu d'un mur, qui la resserroit du côté du village, on a fait plus loin un grillage en bois, qui, partant d'une extrémité de la bergerie, aboutit au local réservé pour un hangar à côté de la maison d'habitation. Par ce moyen, la cour, dont la porte est maintenant au milieu, se trouve régulière; et les bâtimens seront complets quand le hangar, indispensable pour conserver les voitures, sera achevé : il n'y a encore que les fondations de faites.

Autant pour épargner de la dépense de construction que pour faciliter une surveillance, qui ne sauroit être trop grande, M. *Schneider* a profité d'une belle cave, placée sous le gros corps-de-logis, afin d'y établir une forge, un pressoir, une distillerie, en conservant un vaste emplacement pour les racines qu'il récolte, telles que pommes de terre, carottes, betteraves et topinambours. Cette cave est bien voûtée, éclairée, très-sèche, quoique jusqu'ici elle ait été près de l'eau.

Il n'y a rien eu à faire au grenier à grains ; seulement on en a consacré une partie pour établir un séchoir à linge.

Deux jardins potagers, l'un à droite et l'autre à gauche de l'entrée de la ferme, sont en plein rapport ; il n'en existoit pas.

Le devant de la maison a été élargi aux dépens d'un coteau.

Pour y arriver de Trèves, on étoit obligé de traverser le village d'Ober-Emmel, long et incommode dans certaines saisons. Les animaux n'avoient que cette voie pour se rendre aux champs et en revenir. M. *Schneider* a eu l'idée de l'abréger d'un quart de lieue. Il a ouvert un chemin, qui y amène directement, en passant sur un pont qu'il a fait faire, et sur une digue d'étang. Ce chemin est bordé d'arbres fruitiers des deux côtés, jusqu'à la maison et jusqu'au village. J'ai même conseillé d'y ajouter quelque jour un embranchement pour gagner un bois de l'établissement, afin de joindre l'agréable à l'utile.

Peu après l'entrée en possession, un orage extraordinaire ayant rompu les digues de deux étangs supérieurs qui sont assez près pour que l'un d'eux serve d'abreuvoir aux bestiaux, un mur fut renversé et la cour inondée. M. *Schneider*, pour éviter cet inconvénient dans la suite, a rechargé ces digues, qu'il doit recharger encore. Je l'ai engagé à former une enceinte de peupliers et de saules autour de l'étang le plus voisin, afin d'intercepter les exhalaisons qui pourroient nuire à la ferme.

Plus de quatre cents arbres fruitiers, pommiers, poiriers et noyers, ont été plantés le long des pièces de terre de l'établissement; on se propose d'augmenter ces plantations, qui donneront un jour plus de cidre peut-être qu'il n'en faudra pour les besoins des deux fermes.

Ce ne fut qu'en 1809 que l'établissement eut la jouissance de Bennerath (1), et, quelque temps après, de prairies situées à Henterne. A Benne-rath, on fit deux bergeries : la première dans les bâtimens réunis de la ferme, et la seconde dans un bâtiment isolé qui avoit été disposé en cellules; il n'a fallu que détruire un plancher et des cloisons, et mettre des barreaux aux fenêtres pour éviter les attaques des loups. Dans ces deux ber-

____

(1) La ferme de Bennerath fut donnée, en 1036, à l'abbaye Saint-Mathias, par le seigneur *Helloprot*, allant à la Terre Sainte.

geries il tient de 300 à 400 bêtes. Je conseillai d'abattre un porche inutile, qui auroit pu tomber et causer des accidens. On disposa des pièces en écuries et vacheries ; on remit des poutres et des poteaux à la grange ; on refit le plancher de deux chambres, et l'escalier qui en avoit un pressant besoin ; on raccommoda des conduits de plomb qui amenoient à la maison l'eau d'une fontaine ; on arrangea les caves pour y mettre les racines qu'on devoit récolter ; on cultiva le jardin abandonné, de manière qu'il produisit des légumes. Des loges à cochons furent établies sur une fondation de bergerie détruite, avec une cour fermée de murs pour qu'ils pussent y prendre l'air. La moitié de toutes les toitures est réparée à neuf ; il reste encore l'autre moitié et plusieurs planchers qui paroissent avoir éprouvé l'action du feu par l'effet de la guerre. Nous espérons que le Ministre ordonnera qu'on s'occupe de compléter la restauration des bâtimens de cette ferme, et de la mettre sur le pied où est celle d'Ober-Emmel.

Malgré l'escarpement du chemin et de la montagne, M. *Schneider* se porte à Bennerath plusieurs fois la semaine, et tous les jours même, quand les circonstances l'exigent, pour y exercer la surveillance que son zèle actif et son devoir lui prescrivent. Une femme, dans cette ferme, prépare la nourriture aux domestiques, et vient chaque dimanche à Ober - Emmel rendre compte à M. *Schneider* de la dépense, et emporter les denrées que le sol âpre de Bennerath ne produit pas.

Je dois dire ici que tout est bien ordonné dans l'établissement ; que chacun y travaille ; qu'on instruit les jeunes domestiques ; qu'on surveille les autres ; que tous, quand ils sont malades, y reçoivent les soins que l'humanité exige.

La position respective des deux fermes leur permet de s'aider réciproquement. A Ober-Emmel, les cultures, comme les récoltes, ouvrent au moins quinze jours plus tôt qu'à Bennerath ; tous les hommes et les animaux de travail se réunissent dans la première, et vont ensuite dans l'autre. C'est de Bennerath que les engrais destinés aux terres en pente d'Ober - Emmel y sont voiturés, à cause de la difficulté qu'il y auroit à les monter avec des chars ; on ne connoît pas, dans cette vallée, la manière de les porter à somme. Quoiqu'il y ait toujours une ou deux divisions du troupeau à Bennerath, les autres, par une espèce de transhumance, y sont menées quelquefois, suivant l'état et l'abondance des pâturages ; les portières, par exemple, en été, mais jamais en hiver. Dans cette saison, elles sont à Ober-Emmel, où, pour les soins de l'agnelage et de l'allaitement, il faut qu'elles soient surveillées. La proximité du moulin engage à placer aussi à Ober-Emmel les veaux d'élève auxquels on donne des sons et des gruaux. La plupart des vaches restent à Bennerath dont les herbes leur conviennent : tour à tour il descend deux ou trois de celles qui sont laitières, pour les besoins d'Ober-Emmel. Les cochons sont tous à Bennerath, parce que cette ferme est voisine de grands bois qui produisent des glands.

Il seroit difficile à M. *Schneider* de faire des assolemens réguliers à Ober-Emmel, où les terres arables sont au milieu de celles des particuliers. Ce ne pourra être qu'après des échanges que S. Ex. le Ministre de l'intérieur autorisera sans doute, ainsi qu'il en est prié. On sait combien les grandes pièces sont avantageuses : on y trouve économie de temps, de travail, d'animaux et de semences, et une liberté de culture qui rend une exploitation profitable. A Bennerath, les pièces sont plus grandes et plus près les unes des autres; elles étoient en si mauvais état, qu'on ne peut jusqu'ici qu'y faire des essais à mesure qu'on a des engrais à y répandre. Il y en a plus de sauvages dans cette ferme que dans celle d'Ober-Emmel. Quand on les parcourt, on n'y voit presque qu'un gazon maigre, parsemé de pierres schisteuses, et quelques genêts çà et là.

Les terres d'Ober-Emmel et de Bennerath se partageoient en productives, sauvages et essarts. Les premières étoient, les près naturels et les champs, qu'on ensemence et qu'on laisse en jachère ou la troisième ou la quatrième année.

Les sauvages se cultivoient tous les quatorze ou quinze ans : celles-ci occupoient les pentes rapides et le sommet des monts. Le sol y a peu de profondeur; à la quatorzième ou à la quinzième année, on les défriche pour y mettre d'abord du seigle, puis du sarrasin, suivi d'avoine. On les abandonne ensuite pour les pâturages des troupeaux, qui y passent les journées depuis la fonte des neiges jusqu'à leur retour. M. *Schneider* ne suit pas la même marche. Voici sa manière de défricher et de faire rapporter ces terres. Si elles ont des genêts, il les fait arracher et brûler sur place. En été ou en automne, il retourne le terrain avec une charrue, qui n'entre que très-peu; il y passe une herse de fer, et il roule pour comprimer le gazon. Le sol reste en cet état pendant l'hiver. Si c'est en été que le labour a été fait, il en donne un second en automne, lorsqu'il voit que le gazon est décomposé. Cette fois la charrue pique plus avant; il faut encore herser, mais en rendant la herse plus lourde. Au printemps suivant, nouvelle façon à la charrue et à la herse, mais en travers; ensuite fumier et pommes de terre ou betteraves. L'année d'après, céréales de printemps avec du trèfle : celui-ci étant récolté, les céréales d'automne succèdent. Si l'on n'a pu faire le premier labour qu'en automne, le second se donne au mois de juin suivant. Dans ce cas, selon la nature du terrain, selon qu'il a été amendé avec de la chaux ou du fumier, on l'ensemence en colza, suivi de trèfle, et ensuite de plantes à racines. En 1811, il y avoit déjà 75 hectares de ces terres mises en culture réglée.

On donne le nom d'essarts à des taillis qu'on exploite en entier tous les quatorze ans. Ceux qui font partie de l'établissement, sont de chêne. Au printemps ou en été, quand la séve est dans sa force, on coupe le bois; on en ôte l'écorce, qu'on vend pour les tanneries; on pèle la surface de la terre pour en former de petits monceaux, auxquels on met le feu; à la faveur des racines et des branchages de genêt qui s'y trouvent, ils se réduisent en cendre, qu'on répand également sur le sol; on laboure, on ensemence en seigle, qui donne une bonne récolte. Les souches du taillis poussent leurs premières branches à travers les tiges du seigle, qui les protége, et continuent ensuite leur végétation. On ne mène jamais les bêtes à laine dans les essarts; après la quatrième pousse, on y laisse aller les vaches et les chevaux.

Le froment n'étoit pas cultivé à Ober-Emmel, ni à Bennerath, ni dans aucun endroit des environs. M. *Schneider* ayant bien préparé certains champs d'Ober-Emmel, a obtenu de bons produits de ce grain semé seul ou avec du seigle. Dans cette ferme, outre le froment, le seigle et le méteil, j'ai vu la même année en végétation de l'orge, de l'avoine, de la vesce, des pois, du sarrasin, du chanvre, du lin, du colza, de la navette d'été, des féveroles, des haricots, du pavot (oliette), des carottes, des topinambours, des betteraves, des pommes de terre, des navets, des choux. Le trèfle est la prairie artificielle qui convenoit ; aussi y est-il multiplié. M. *Schneider* assure qu'il manque quand, pour le semer dans le seigle, on attend le mois de mars, et qu'il prospère si on le sème en janvier. Ces cultures avoient un triple but : 1°. d'essayer quelles plantes convenoient aux divers terrains, selon l'état dans lequel ils étoient, et de préparer des moyens d'alterner ; 2°. de fournir abondamment de quoi nourrir les bestiaux ; 3°. de pourvoir à tous les besoins du ménage, autant qu'il seroit possible. Par exemple, le chanvre et le lin, pour le linge ; le pavot, pour l'huile à manger ; les choux, pour la soucroute ; l'excédant du seigle, de l'orge et des pommes de terre, pour donner, par la distillation, de l'eau-de-vie, à laquelle sont habitués les domestiques du pays. C'est par une raison semblable que les noyers et les pommiers ont été multipliés, les uns, pour procurer une espèce d'huile, et les autres, du cidre, qui a plus d'agrément que la bière. J'ai désigné à Bennerath des endroits propres à une plantation d'osier, si utile dans une économie rurale. Enfin, il m'a semblé qu'on devoit élever dans la maison les bêtes à cornes, les chevaux et les cochons qui seroient nécessaires ; d'après ce principe que, dans chaque établissement, il faut, autant qu'on le peut, obtenir du sol et de l'industrie tout ce qui s'y consomme, et que la chose doit faire aller la chose.

Les prairies naturelles d'Ober-Emmel, de Bennerath et de Hentern, ont été améliorées par des engrais, des saignées, des irrigations. Celles de Hentern offrent un exemple de cette amélioration ; elles n'avoient pas rendu aux fermiers plus de 180 quintaux de foin. En 1811, l'établissement en a retiré 375, et en 1812, 600. On espère que dans la suite la récolte pourra aller jusqu'à 900. Le prix commun du quintal est de 2 francs.

Les bois, qui étoient précédemment négligés et exposés à la dégradation, sont maintenant bien conservés ; l'établissement paye deux gardes pour les surveiller. Un de ces bois, dit Fuchsval, étoit, comme ceux du domaine, régi par l'administration forestière, et l'étoit bien; mais persuadé qu'il devoit dépendre de la ferme de Bennerath, *j'ai engagé M. Cretté* (comte de Champmol) *à le réclamer*, parce que j'ai reconnu autour plusieurs pierres, marquées d'une crosse et d'un bâton pastoral entre les lettres S. M., armes de l'abbé de Saint-Mathias, et les mêmes qui ceignoient le reste de la propriété. Ce Ministre a eu égard à mon observation. Aujourd'hui le bois de Fuchsval est réuni à l'établissement, qui y puise ce qui lui est nécessaire, en se conformant aux lois forestières. Il en est de même de plusieurs autres bois, moins considérables, et des boqueteaux qui font partie d'Ober-Emmel et de Bennerath.

Indépendamment de la ferme d'Ober-Emmel, de celle de Bennerath et des prés de Hentern, il existe deux petites propriétés dépendantes de l'établissement, qui sont dans la commune de Cons, près l'embouchure de la Sarre dans la Moselle. L'une consiste en quelques prairies, dont le foin, qui a de la qualité, est tous les ans transporté à Ober-Emmel; l'autre est une locature au hameau de Mertzlich, à une lieue de Trèves, et sur le chemin qui mène de Cons à cette ville. L'exploitation est peu considérable; elle consiste en soixante arpens de terres sauvages, situées sur une montagne ; deux belles prairies au bas du coteau ; des arbres fruitiers en assez bon rapport et des bâtimens qui étoient dans le plus mauvais état ; une partie est rétablie.

Tels sont les travaux qui ont été faits successivement dans la bergerie impériale de la Sarre. La dépense a été forte, et elle a dû l'être. A la vérité, pour les bâtimens, les bois ont été pris dans ceux qui appartenoient aux fermes ; mais il a fallu les faire abattre, ouvrager, employer. Les pierres d'encoignures, des portes, des fenêtres, ne sont pas du pays ; on les a achetées et fait venir de loin, ainsi que l'ardoise et quelques autres matériaux. Qu'à ces frais on ajoute la bâtisse entière et les réparations, les mouvemens de terre, les desséchemens, les défrichemens, les plantations, et ce qu'il en a coûté pour acheter des chevaux, des bœufs, des vaches, des porcs, des ustensiles de ménage, des meubles pour deux maisons, des instrumens aratoires, etc. ; on reconnoîtra que l'établissement a dû employer beaucoup de fonds, et qu'il lui a fallu de grandes ressources dans son économie et ses produits, pour suppléer à ce qu'il a reçu du Gouvernement. J'aurois bien désiré pouvoir montrer ici en détail à combien chaque chose est revenue ; mais M. *Schneider,* trop occupé de

faire, n'a pas eu le temps d'écrire. D'ailleurs ;
comment calculer l'ouvrage des domestiques et
des animaux de la maison qui ont servi dans ces
circonstances? Ils n'y travailloient pas toujours de
suite, ni des jours entiers; c'étoit souvent par de
petits intervalles entrecoupés, dont on ne tenoit
pas compte. Beaucoup d'objets ont été façonnés
et fournis par l'établissement; ce qu'il seroit bien
difficile de distinguer. Au reste, l'état comparatif
suivant mettra au moins à portée d'apprécier une
partie des choses, et de se convaincre qu'un établissement public d'agriculture, bien organisé et
bien dirigé, peut n'être point à charge au Gouvernement. Celui d'Ober-Emmel, il faut en con-
venir, n'auroit pas eu les succès qu'il a, si le domaine qu'on y exploite avoit été tenu à location
par le Gouvernement, et si Son Ex. M. le comte
de Montalivet, Ministre de l'intérieur, n'eût,
par des vues protectrices et éclairées, approuvé
les améliorations, dont les projets lui ont été
soumis, et concouru puissamment au perfection-
nement d'un établissement qui avoit été com-
mencé par un de ses prédécesseurs.

*État comparatif de ce que le Gouvernement
a fourni à l'Établissement, et de ce que
celui-ci présentoit de valeurs vers le com-
mencement de 1813.*

Le Gouvernement a fourni en argent 25,000 f.

Deux cent soixante-dix-sept brebis
arrivant d'Espagne, qui n'ont pas dû
revenir toutes rendues à plus de 60 f. . 16,620

Cent brebis, acclimatées d'un an seulement; elles faisoient partie du convoi
destiné pour la bergerie impériale de la
Roër, à 80 fr. 8,000

La ferme d'Ober-Emmel (bâtimens,
terres, prés et étangs), étoit louée 1,260 f.
par an ; le produit de cette location depuis six ans doit être regardé comme
une avance faite par le Gouvernement. 7,560

Celle de Bennerath (terres , prés ,
étangs et bâtimens) rapportoit 565 f. La
jouissance ne date que de 1809; mais la
bergerie en touchoit le *revenu depuis
trois ans,* ce qui fait toujours six années. 3,390

Les prés de Cons rendoient 245 fr.
En six ans. 1,470

Le produit de la petite ferme de

____

62,040 f.

3 *

Report. . . . 62,049 f.

Mertzlich, étoit de 160 fr. En six ans..   960

Les prés de Hentern produisoient 210 fr. En six ans.. 1,260

Pour hâter certaines jouissances, le Gouvernement a donné en indemnités à des fermiers. 3,130

Total de ce que le Gouvernement a dépensé. . . . . 67,390 f.

L'établissement présente en avoir ce qui suit :

1º. *En Bestiaux.*

Cinq cent quatre - vingt - six bêtes à laine , adultes , bien acclimatées et perfectionnées, à 100 francs chacune. 58,600 f.

Je ne porte point ici ces animaux à leur vraie valeur, qui est au-dessus de ce prix; c'est afin de faire voir que je suis loin de rien forcer. Si on pensoit que j'ai estimé trop bas les animaux fournis par le Gouvernement, j'observerois qu'étant récemment importés, ils avoient peu de taille et de laine;

58,600 f.

De l'autre part. . . . 58,600 f.

qu'ils étoient attaqués de gale , et plusieurs , du piétain ; qu'ordinairement
lorsque des brebis arrivent d'Espagne,
on en perd quelquefois plus du quart ;
qu'enfin leurs premiers agneaux sont
foibles et ne font jamais bien.

Deux cent dix-huit agneaux, à 50 fr.   10,900

Six chevaux, savoir : un hors d'âge,
quatre de sept ans, un poulain de trois
ans et un âne.   2,000

Six bœufs très-forts.   1,200

Deux beaux taureaux sans cornes,
race d'Asie, de 5 ans.   600

Deux jeunes taureaux sans cornes.   400

Sept vaches à lait , de sept, huit et
neuf ans.   1,400

Cinq vaches de deux et trois ans,
dont une de la race sans cornes. . . .   750

Un veau de la race sans cornes. . .   50

Six taurillons et génisses , d'un an.   500

Un verrat , sept truies , vingt-huit
cochons de divers âges , indépendamment des nouvellement nés.   700

77,100 f.

Report. . . . . . 77,100 f.

2°. *En 'Meubles et Objets emma-*
ga'sinés.

Ustensiles de cuisine et autres, lits,
linges. 4,500
   Instrumens aratoires. 6,000
   Laine non vendue, estimée par aperçu 4,600
   Chanvre. 400
   Bois préparé ou façonné. 700

Je ne porte ce bois qu'à la moitié de
sa valeur, parce qu'il a été abattu dans
la propriété ; mais il a fallu payer les
bûcherons, les charpentiers et scieurs
de long.

   Récoltes. 12,000

Cette année, elle a dû s'élever à
20,000 fr. au moins. Au commence-
ment de l'hiver, une bonne partie étoit
consommée ; mais il en restoit beaucoup. Pour compenser ce qui n'en existoit plus, il faut penser que les blés
d'automne étoient tous semés ; qu'une
partie de la récolte à venir végétoit déjà
et pouvoit être considérée comme ayant
de la valeur ; que les fumiers avoient été

105,300 f.

De l'autre part. . . . . . 105,300 f.

fournis par l'établissement, et qu'il y en avoit encore pour les grains du printemps et pour d'autres plantes qu'on devoit cultiver.

3°. *En avances faites par la Bergerie pour le Gouvernement.*

Quatre cents bêtes à laine venues d'Espagne et destinées pour Paland-Weilweiller (Roër), sont restées un an à Bennerath, pour se remettre du voyage et être traitées de la gale. Il a fallu des bergers particuliers, un surcroît de fourrage et des soins qui ont coûté. La dépense a monté à. 9,988

Achat et voyage de deux taureaux et d'une génisse sans cornes, de la Ferme impériale de Rambouillet. 870

Portion d'indemnité donnée aux fermiers de Hentern. 250

4°. *En valeurs augmentées de diverses parties du Domaine, revenus et capitaux.*

Toutes les terres de la ferme d'Ober-Emmel, avec les bâtimens, sans le

116,408 f.

Report. . . . . . 116,408 f.

moulin, étoient louées 1,260 fr. On pourroit difficilement les affermer à une seule personne, parce qu'elles sont interposées entre les champs des particuliers. Mais la distillerie (1), la maison et les terres qui sont autour, étant en état d'entretenir quarante vaches, se loueroient ensemble ; et les autres champs à part. Le tout, par cette disposition, rapporteroit 4,000 fr. au moins. Plus-value, 2,740 fr. représentant à raison de 5 p. ⅌, un capital de. . 54,800

Bennerath étoit loué 565 fr. Il pourroit l'être 2,200. Si on abandonnoit au fermier 150 stères de bois, qui, sans être débité, ne vaut que 190 francs ;

171,208 f.

(1) Dans les départemens réunis, la Belgique et la Hollande, la distillerie de grains et de racines est un objet majeur, moins à cause de l'eau-de-vie, qui cependant a de la valeur et est recherchée, que par rapport aux marcs, qui conviennent infiniment aux animaux. Dans ces pays, sans distillerie, point de bestiaux ; sans bestiaux, point d'engrais ; sans engrais, point d'agriculture. Il faut donc des raisons bien fortes pour interrompre cette pratique, qui, loin d'être entravée, mérite d'être encouragée.

De l'autre part. . . . . . 171,208 f.

on obtiendroit 300 fr. de plus , car cette ferme nourriroit beaucoup de vaches et de bêtes à laine ; elle donneroit encore un produit plus grand , si on y formoit une distillerie de pommes de terre et une fabrique de potasse qui se vendroit bien. Les cendres sont le meilleur amendement pour la nature du terrain.

Les dépenses en réparations pour ces deux fermes étoient si nécessaires , que si on ne se fût pas occupé de les réparer, le domaine auroit dépéri , de manière à perdre une grande partie de sa valeur.

Plus-value , 1,635 fr., représentant à 5 p. $\frac{o}{o}$, un capital de. 32,700

Les prés de Hentern étoient loués 210 fr. Ils pourroient l'être 800 fr. (1).

Plus-value , 400 fr., représentant à 5 p. $\frac{o}{o}$, un capital de. 8,000

Les prés de Cons étoient loués 245 f. Ils pourroient l'être 300 fr.

211,908 f.

------

(1) Voyez, pour leur produit, ce qui en est dit à la page 178.

Report. . . . . . 211,908 f.

Plus-value, 65 fr., représentant à 5 p. ⁰/₀, un capital de. 1,300

La petite ferme de Mertzlich étoit louée 160 francs. Elle pourroit l'être 200 fr. (1).

Plus-value, 40 fr., représentant à 5 p. ⁰/₀, un capital de. 800

Le four à chaux, nouvelle construction, peut valoir en revenu 240 fr., donnant un capital de. 4,800

Cette usine n'est d'un bon rapport qu'autant qu'elle est attachée à la maison, parce qu'on y consomme du bois qui a peu de prix. L'établissement en hiver y fait apporter des pierres, sans que cela nuise aux travaux des autres saisons.

Le moulin étoit loué 220 fr. Il le se-

218,808 f.

____

(1) Elle rapporte soixante quintaux de foin, à 2 fr. au plus bas prix. . . . . 120 fr.
On y vend en noix pour. 90
Il y a soixante arpens de terres sauvages, à 3 f. 120
Loyer de la maison, bien réparée, au moins. 20

TOTAL. . . . . . 350 fr.

De l'autre part. . . . . . 218,808 f.

roit dans l'état où il a été mis 300 f. (1).

Plus-value, 80 fr. , donnant un

capital de. 1,600

Total général. . 220,408 fr.

Balance.

L'établissement impérial de la
Sarre présente, tant en bestiaux,
meubles, instrumens et avances qu'il
a faites, qu'en plus-value de bien, un
capital de. . . . . 220,408 f.

Il a reçu du Gouvernement. . . . 67,390

Il a donc bénéficié de. . . . . . . 153,018 f.

Je ferai observer, car il ne faut rien omettre,
1°. que le département de la Sarre, en considé-

----

(1) Les paysans qui viennent y faire moudre leur grain,
payent le seizième en nature. Nous avons estimé le seigle
qu'ils donnent, à seize maltres, mesure du pays, valant
18 fr. chacune. . . . . 288 fr.

La mouture pour les deux fermes est de. . . 108

Les portions de son données par les paysans,
et ce qu'on ramasse de folle farine sur les meubles et les murailles du moulin, représentent. . 300

Total. . . . . 696 fr.

rant tout le bien que l'établissement devoit faire au pays, s'est chargé de payer les impositions auxquelles étoient sujets les biens qu'il exploite : ce qui atteste les vues sages de son administration; 2°. que cette bergerie n'achète point le bois qui lui est nécessaire pour le chauffage et autres besoins des deux fermes; 3°. que tout le domaine avoit été négligé, et qu'en le mettant en bon état, il a dû plus facilement rapporter davantage. Au reste, la marge en bénéfice est si grande que, quelque retranchement qu'on crût devoir faire pour ces trois sortes d'objets, et même pour quelques oublis, s'il y en a, on sera surpris qu'en six ans un établissement de ce genre ait obtenu des succès aussi étendus.

J'aurois présenté plus d'avantages encore si j'avois attendu quelques années; car les récoltes ne peuvent manquer de devenir plus abondantes quand l'effet de la meilleure culture et de toutes les autres améliorations sera complet. Depuis que la bergerie est placée sur ce sol, ses produits croissent graduellement. L'intelligence, l'honnêteté et l'activité du régisseur en sont une des causes principales sans doute. M. *Schneider* propose, consulte et écoute; avec ce bon esprit et les autres qualités qu'il possède, il est rare qu'on ne réussisse pas. Il a été puissamment secondé par l'intérêt qu'ont pris à l'établissement MM. *Kepler et Sainte-Susanne*, préfets de la Sarre, et quelques particuliers, notamment M. *Nell*, membre du corps législatif, et M. *de Warberg*, propriétaires distingués et zélés, l'un à Trèves et l'autre à Saarbourg.

Tous ceux qui ont des idées justes d'économie politique, s'étonneront de ce que je me suis attaché à faire connoître une bergerie impériale, presque uniquement sous le rapport du profit, comme si le Gouvernement ne devoit avoir que cette manière de l'envisager. Je suis bien éloigné de lui faire cette injure, et je ne cherche pas à persuader qu'il n'a pas eu d'autre point de vue dans ces sortes d'établissemens. Il m'est bien démontré qu'il en a senti toute l'importance pour l'utilité publique, et que c'est là ce qui l'a déterminé. Malheureusement il y a beaucoup de gens qui imaginent qu'on ne doit entreprendre aucune chose, si ce n'est pour en obtenir un produit pécuniaire et direct: on ne veut même pas attendre la révolution nécessaire pour rentrer dans certaines avances, sans lesquelles on n'eût rien gagné. A moins que la jouissance ne soit prompte, on croit tout perdu. Une autre classe d'hommes peu réfléchis, ne voudroit pas que le Gouvernement formât des établissemens, sous le prétexte qu'ils sont mal régis et plus dis-

pendieux que profitables. Pour répondre à tous ,
j'ai publié des notices sur les bergeries de Rambouillet et de Perpignan, qui ont montré des ré-
sultats satisfaisans. J'ai cru, par le même motif,
devoir rendre compte de l'état productif où est
déjà celle du département de la Sarre.

Quant au bien qu'elle fait, ce que j'appellerai
le *but moral*, il est aisé de l'indiquer.

Elle a fourni pour l'amélioration cinq cent
quatre-vingt-sept bêtes, tant beliers que brebis;
bientôt elle en répandra au moins cinquante : le
département de la Sarre et ceux qui l'entourent
en ont profité et en profiteront; elle a donné
l'exemple de la bonne agriculture et des soins
qu'on doit aux troupeaux en santé et en mala-
die, ce qui a influé beaucoup sur les habitans.
Les personnes qui ont eu connoissance du pays
avant que la bergerie y fût établie, et qui le par-
courent maintenant, y trouvent une grande dif-
férence ; elle est telle, que beaucoup de terres
sauvages sont défrichées par des particuliers, que
les anciennes terres arables, mieux soignées,
rapportent davantage, et qu'on y nourrit plus de
bétail ; enfin, je citerai comme une chose des plus
frappantes et des plus décisives en faveur des effets
de l'imitation, que les biens des environs ayant
acquis plus de valeur, se vendent plus cher. Tant

il est vrai que pour engager les petits propriétaires, ou les cultivateurs à loyer, à tirer plus de
parti du sol qu'ils exploitent, il suffit de placer
sous leurs yeux l'emploi de bons moyens, que
tôt ou tard ils reconnoissent et qu'ils mettent en
pratique, après les avoir déprisés ou s'en être
défiés.

Ce qui se passe à la bergerie de la Sarre,
conforme à ce qui s'est passé dans la ferme du parc
de Rambouillet et à la Bergerie impériale de Perpignan, est un argument bien fort contre l'opi-
nion de ceux qui regardent les fermes expérimen-
tales comme une chimère et comme des objets de
dépense pour le Gouvernement, sans aucun avantage. Les détails que j'ai donnés sur trois établissemens du Gouvernement, ne sont point une pure
théorie, mais une réunion de faits évidens qui mé-
ritent toute confiance; ils inspireront sans doute le
désir d'en former de semblables dans divers points
de la France, surtout là où l'agriculture est encore
retardée. C'est un vœu que n'ont cessé de former
des hommes qui prennent un intérêt véritable et
patriotique à la prospérité de l'Empire.